# 玫瑰香橙

## 优质高效栽培技术

MEIGUI XIANGCHENG
YOUZHI GAOXIAO ZAIPEI JISHU

■ 汪小伟 乔兴华 ◎ 主编

U0238904

中国农业出版社
北 京

**编写人员**

玫瑰香橙优质高效栽培技术

主　编　汪小伟　乔兴华

副主编　何锦辉　胡德玉　陈　力　孙海均
　　　　何　淼

参　编　（按姓氏笔画排序）
　　　　马志敏　王　一　王　尹　王朝伟
　　　　冉从文　任杰群　刘兴凡　刘雪峰
　　　　李　丽　杨　柳　何才智　张　昕
　　　　易天凤　周元富　周成文　宗凡琦
　　　　姜　荣　贺光祥　骆承树　秦小禾
　　　　夏　梅　唐金梅　黄治华　程文云
　　　　童娅华　蒲　毅　谭建国　颜　豪

# 前言

## FOREWORD

　　我国是世界柑橘生产第一大国。多年来，我国柑橘产业保持良好的发展势头，截至2020年，我国柑橘种植面积达到4 045万亩，年产量为5 121万吨。其中三峡地区柑橘种植规模达372.3万亩，产量为358.2万吨，柑橘产业总产值达300亿元，带动94.3万户农户、330万名橘农年均增收1 125元，柑橘相关从业人员已超过300万人，对推动农村经济发展、巩固脱贫攻坚成果全面推进乡村振兴具有重要作用。

　　长江中上游的三峡地区有着优越的地理条件、独特的自然气候，发展晚熟柑橘具有得天独厚的自然资源禀赋，是发展柑橘的最适生态区之一。重庆市万州区资源禀赋、生态条件得天独厚，其柑橘种植历史悠久、规模大、产量高、质量优、市场广，被农业农村部列为种植柑橘的优势产区。2003年重庆市万州区提出"重振万州柑橘产业"战略，制定新一轮柑橘产业规划，发展晚熟柑橘特色品种"玫瑰香橙"。同时，万州区调整柑橘熟期结构并大力推进标准化柑橘果园的建设，促进优质高效生产技术应用，创新产业发展模式和集约化生产经营机制，培育形成了"享誉全国、致富一方百姓"的高效特色产业模式。发挥玫瑰香橙的市场价值潜力，对三峡库区晚熟柑橘发展具有十分重要的意义。

为助推玫瑰香橙产业持续健康发展并满足果农种植的技术要求，编者根据多年栽培玫瑰香橙的生产实践，总结国内外玫瑰香橙栽培先进经验，编写了《玫瑰香橙优质高效栽培技术》一书。书中理论与实践结合、文字与图解相配，系统介绍了玫瑰香橙生产概述、标准园规划与建设、土肥水管理、整形修剪、花果管理、果实采收与贮藏保鲜、病虫害绿色防控等栽培技术。全书内容丰富，技术实用，图文并茂，通俗易懂，可操作性强，相信该书一定会深受玫瑰香橙生产一线技术人员、果农、果园经营者、基层干部喜欢。

由于作者水平有限，加之编写时间仓促，书中难免存在疏漏，敬请广大读者批评指正。

编　者

2023 年 1 月

## 目录
CONTENTS

前言

# 第一章 玫瑰香橙生产概述

  我国是世界柑橘第一大国，柑橘产业是我国重庆市重要的优势效益产业。重庆市万州区由于自然资源、生态条件得天独厚，其柑橘种植历史悠久、规模大、产量高、质量优、市场广，被农业农村部列为柑橘种植的优势产区。2003年重庆市万州区提出"重振万州柑橘产业"战略，制定新一轮柑橘产业规划，发展晚熟柑橘特色品种"玫瑰香橙"。同时，万州区调整柑橘熟期结构，并大力推进标准化柑橘果园的建设，促进优质高效生产技术应用，创新产业发展模式和集约化生产经营机制，培育形成了"享誉全国、致富一方百姓"的高效特色产业模式，发挥了玫瑰香橙的市场价值潜力。

  截至2022年，万州柑橘种植面积达到42万亩[①]，其中玫瑰香橙种植面积达15万亩。目前，万州区甘宁镇已经建成玫瑰香橙优质柑橘标准化示范园并具备了相应的工程建设技术，也建成了晚熟玫瑰香橙产业带的"改土、路、沟、渠配套体系服务化"耦合集成整理模式。

---

① 亩：非法定计量单位，1亩＝1/15公顷。——编者注

# 一、玫瑰香橙基本情况

## （一）玫瑰香橙品种来源

重庆市万州区于1995年从中国农业科学院柑橘研究所引进塔罗科血橙新系至重庆市万州区龙沙镇雨台村，并在红橘砧木上嫁接试种，经过连续10年的观察，发现该品系在万州区适应力极强。万州区良好的生态环境条件和配套的栽培管理技术，使得玫瑰香橙在确保充分成熟和品质形成的基础上，同时满足降酸、增糖、转色需要，还能防止晚熟果实越冬过程的落果损失，从而表现出早结丰产性能、稳定的产量、较高的花青素含量、饱满的色泽与香味，以及晚熟特性。由于其独具玫瑰色，故被命名为"玫瑰香橙"。万州玫瑰香橙获国家地理证明商标和全国名特优新农产品称号。

## （二）玫瑰香橙品种优势

### 1.成熟期晚

万州区地处北纬30°，是世界上种植柑橘较适宜的产地之一，其中万州玫瑰香橙集中种植区多处于海拔500米以下，冬季最冷月均温度为7～10℃，霜冻期较短。全国人大常委会委员、华中农业大学教授（博导）、中国工程院院士、中国工程院副院长、中国柑橘产业技术体系首席专家邓秀新在2011年考察万州玫瑰香橙基地时也曾指出："三峡库区（万州）具有冬季冷凉但无明霜的气候特点，特别适宜2—4月成熟的晚熟柑橘生长。"玫瑰香橙得益于三峡库区得天独厚的气候条件和生态环境，日照充足，雨量充沛，土壤肥沃，果实采收期一般在1月下旬至5月初，而这时期正好是水果上市淡季，因此玫瑰香橙具有相当可观的市场前景。

### 2.果形美观、风味独特

玫瑰香橙果实呈倒卵形或短椭圆形，果皮光滑，果梗部有明显沟纹，单果重150～250克，成熟时果皮及果肉血红色。由于万州区独特的地理气候特点，万州玫瑰香橙不仅果皮自然着玫瑰红色，而且果肉呈玫红色，细嫩化渣，汁多味浓，甜酸适口，玫瑰香气浓郁，可食率达70%以上，可溶性固形物含量在10.5%以上。

### 3.稳产丰产

玫瑰香橙树势强，枝粗叶大，多刺，缓和树势后丰产、稳产，以弱枝结果为主。目前，玫瑰香橙种植面积达15万亩，年产值达10亿，带动全区200多个自然村、2万多户农户增收致富，成为万州果农心中的"幸福树"和"摇钱树"。

### 4.营养价值丰富

玫瑰香橙果汁除富含维生素C外，还含有丰富的维生素E、β-胡萝卜素、花青素苷和类黄酮等多酚化合物。经国内外权威研究证实：这些物质特别是花青素苷具有抗氧化、预防心血管疾病、抑制癌症、预防过早衰老、预防关节炎、缓解花粉病和其他过敏症、防止高血压、治疗先兆和习惯性流产、美白、保湿、提高免疫力等保健作用。

### 5.适应性强，栽培技术相对简易

早在1995年，万州区从中国农业科学院柑橘研究所引进塔罗科血橙新系试种，经过多年观察，发现其在万州区适应力极强。玫瑰香橙栽培海拔为200～500米，一般在9—10月秋梢老熟后或3—5月栽植。平地、阶梯地形均可栽植，栽植方式可采用土挖栽植穴、田起垄栽植等。施肥方法以土壤施肥为主，配合叶面施肥，采用环状沟施、条沟施、穴施或土面撒肥施用等方式。整形修剪按照"因地制宜、因树修剪、促抑得当、通风透光、立体结果"原则进行。果实采收前不需套袋处理也可达到高品质。

目前，按照"大产业、小单元、单品类、多业主、集约化"的发展思路，坚持标准化建园，万州区共建成标准化基地8万亩，主要分布在万忠路沿线和长江两岸，其中建立适度规模的标准化玫瑰香橙标准园达300多个。

### 6.品种开发潜力大

万州区作为重庆市著名的"绿色生态发展区"，发展势头强劲，其特色产品玫瑰香橙销往北京、上海、广东等全国各大城市，是我国今后一段时期最具发展潜力和开发价值的品种之一。同时玫瑰香橙是万州乡村振兴的支柱产业、三峡库区的生态屏障。万州区委、区政府确定玫瑰香橙产业为全区乡村振兴和现代农业的主导产业，写入《重庆市万州区农业农村现代化"十四五"规划》《万州区构建"7＋5"现代农业体系推动农业经济高质量发展的实施方案》，并编制《重庆市万州区柑橘产业发展规划（2008—2012)》《市级农业科技园区建设规划》《万州国家农业公园2017—2022年玫瑰香橙产业化规划》。同时，万州区出台玫瑰香橙农业产业化补助政策，对主导产业发展采取具有公开性和普惠性的"先建后补""以奖代补"和贷款贴息等方式进行扶持。通过制定规划，万州区对玫瑰香橙产业进行顶层设计、科学谋划，创建好以玫瑰香橙为主导产业的市级科技示范园、万州国家农业公园、重庆市万州区国家农村产业融合发展示范园、重庆市万州区乡村振兴示范区、万州国家级现代农业产业园，旨在将玫瑰香橙产业做大做强。

## （三）玫瑰香橙系列品种特征特性

目前，万州玫瑰香橙系列主要有塔罗科血橙新系、早红血橙、丽朵血橙和晚红血橙等品种。

### 1. 塔罗科血橙新系

塔罗科血橙新系（图1-1）是中国农业科学院柑橘研究所选自塔罗科血橙株心系的优良品种。在万州表现为树势强健，树冠呈不规则形。果实大，短椭圆形，平均单果重180～200克；果顶有印圈，果皮较薄，底色橙色着鲜紫红色，果肉不均匀玫瑰红色、细嫩化、汁多、酸甜适度。

图1-1 塔罗科血橙新系

### 2. 早红血橙

早红血橙（图1-2）是塔罗科血橙株心系变异的一个品种，由四川省农业科学院农业研究所选育而成。在万州表现为树势强健，树冠圆头形。果个中等大小，短椭圆形，平均单果重172.05克；果顶有印圈，果皮较薄，底色橙色着鲜紫红色，果肉不均匀玫瑰红色、细嫩化渣、汁多、酸甜适度。

图1-2　早红血橙

### 3. 丽朵血橙

丽朵血橙（图1-3）品种是由重庆市农业科学院、重庆市农

图1-3　丽朵血橙

业技术推广总站、重庆市万州区果树技术推广站等单位联合选育而成的。其特征特性表现为树势中庸，树冠呈自然圆头形，枝梢无刺。叶片卵圆形至长椭圆形，果实呈圆形或扁圆形，平均单果重180～230克，果皮光滑，果皮成熟后呈玫瑰红色，油胞大而凸起。果肉呈不均匀玫瑰红色、细嫩化渣，果实无核，多胚。成熟期在2—4月，果实耐贮藏。

### 4. 晚红血橙

晚红血橙（图1-4）属于塔罗科血橙中的一个芽变品种，由四川省农业科学院从塔罗科血橙2号选育而成，晚红品种具有特晚熟特性。在万州表现为成熟期在4—5月。晚红血橙少刺无核，平均单果重为200克左右，果形偏椭圆形，果肉呈不均匀玫瑰红色，水分充足，味美爽口，风味较浓，成熟时果皮上带有血橙系列的独有标记紫红色色斑。但是晚红品种酸度较高，同时，降酸较慢，至4月中旬酸度仍比较高，因此采收期通常会延至5月初开始。

图1-4　晚红血橙

## 二、万州玫瑰香橙生产条件

### (一) 社会经济条件

万州区位于重庆市东北部长江三峡库区的核心腹地，介于东经107°55′22″～108°53′25″、北纬30°24′25″～31°14′58″之间，长江横贯其全境。万州区是成渝城市群沿江城市带区域中心城市、成渝经济区的东向开放门户，也是"一带一路"倡议和长江经济带的重要节点城市。经过十多年的发展，万州区成功地探索出了一条符合乡村振兴要求的产业发展道路，将玫瑰香橙建成了"产业特色鲜明、农旅融合显著、生产方式绿色、生态环境良好、农民生活富裕"的大产业。

### (二) 自然地理条件

重庆市万州区地处长江上游地区，地形以山地为主，农民可以根据山地不同地段地形、土壤、气候等自然条件的差异，进行不同植被的合理搭配，构成了独具特色的山地果林景观。万州区总体上属于亚热带季风性湿润气候，冬季气温较高，无霜期长，土壤以紫色土为主，万州玫瑰香橙主要生产海拔为200～500米。

根据玫瑰香橙生长特性，万州区气候条件表现出显著优势：

一是万州区玫瑰香橙越冬时平均低温稳定在6℃左右，与柑橘主产区广东、广西相比较，万州区更有利于果实花青素的积累（表1-1）。

二是冬季少霜冻，有助于玫瑰香橙安全越冬。

三是万州区春季2—4月的气温回升缓慢，至4月温度基本维持在25℃左右，有利于延长玫瑰香橙果实的自然挂树及糖度积累时间且利于酸度降低，从而提升果实风味。

表1-1 2017—2021年1月不同柑橘产区温度比较

单位：℃

| 年份 | 重庆市万州区 | | 广东 | | 广西 | |
| --- | --- | --- | --- | --- | --- | --- |
| | 平均高温 | 平均低温 | 平均高温 | 平均低温 | 平均高温 | 平均低温 |
| 2017 | 12 | 7 | 20 | 12 | 19 | 12 |
| 2018 | 10 | 4 | 18 | 10 | 16 | 10 |
| 2019 | 10 | 5 | 19 | 11 | 15 | 10 |
| 2020 | 11 | 6 | 21 | 12 | 19 | 12 |
| 2021 | 10 | 4 | 19 | 9 | 17 | 10 |

四是冬季温暖湿润，夏季干燥炎热，1月平均气温为5～10℃，7月平均气温为23～26℃，温差较大且光照充沛，十分有利于花芽分化和优良品质形成（图1-5）。

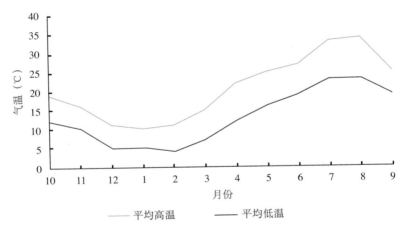

图1-5 万州区2017年全年平均高温、平均低温变化

万州区≥10℃的年有效积温达到5 904.5℃，且海拔500米以下产区年平均日照时数达1 300小时以上，在果实生长后期（11月至翌年2月）平均日照时数达到150小时，有利于花青素生成并使其果实形成玫瑰红色和玫瑰香味。

　　万州区春季降水量少，多年平均降水量为1 200毫米左右，年日照时数为1 401.2小时，年平均相对湿度为81%。2月的平均降水总量为16.9毫米，3月的平均降水总量为33.2毫米，4月的平均降水总量为14.5毫米。玫瑰香橙果实成熟期少雨控水，可以使其品质得以提升。

　　无论是从气候、土壤、海拔等柑橘立地条件，还是从交通、水源、规模等产地环境来看，万州区均是种植玫瑰香橙的最适生态区及三峡库区生态林玫瑰香橙基地重点建设区。

# 第二章 标准园规划与建设

## 一、建园选址

### （一）立地条件

立地条件以海拔550米以下、坡度25°以下的缓坡或平地（图2-1）为宜，坡度25°以下丘陵也可以（图2-2），但山顶、河谷、冷风口、低洼地区不宜建园。规划园区内应无工业排放，且土壤中铅、汞、砷等重金属含量及有毒农残不超标；无黄龙病等毁灭性病虫害；工厂和商品化处理线应建在无污染、水源充足、排污条件较好的地域。

图2-1　平地与缓坡地果园

图2-2　丘陵山地果园

### （二）土壤条件

土壤微酸性至中性，最适pH为5.5～6.5，以疏松肥沃、有机质丰富、土层深厚、地下水位1米以下、排水顺畅、透气性好的土壤为宜。若达不到以上条件，需进行土壤改良。

### （三）水源条件

建园选址附近区域应具备符合果园整体相应需水量的水源，伏旱期间每亩抗旱保障水源≥10米³。

### （四）交通运输条件

建园地域离公路主干道的距离以不超过1 000米为宜。

### （五）劳动力资源条件

结合农村农业生产中劳动力的现实情况，大面积规模化生产基地建设应优先考虑机械化建园。

## （六）适度规模

集中成片建园有利于管理和产生规模效应，建议新建园规模原则上控制在50～500亩。

# 二、建园规划

## （一）运输系统

道路应从整体布局、宜机化着手（图2-3）。具体设计要求如下。

图2-3 标准园道路系统规划

### 1. 主干道

主干道要贯通或环绕全园，且与外界公路相接，为单车道（单循环），路面宽3.0米以内，路肩宽0.5米，最小转弯半径不小于10米，纵坡不超过5°。主干道设置在适当位置，车道终点设会车场。主干道路基要坚固，路边设排水沟。

### 2.耕作便道

便道距果树最远不超过75米。一般标准园路面宽度不低于2米，宜机化果园耕作便道路面宽度不低于2.5米，且与主干道相连，形成路网，耕作便道间距20~40米，便道应设排水沟。

### 3.轨道运输

为提高果园机械化程度，解决山区果园修路难、运输难等问题，并且为了大幅度降低劳动力投入以缓解农村劳动力紧缺，在有条件的园区建议配套安装果园轨道运输系统（图2-4）。首先对安装地进行现场调查及整体规划，制订安装方案及路线图。方案路线图为运输车辆运行的具体路径，需标明铺设物及阻碍物的位置，根据方案路线图设计轨道数量、支撑点组织等材料。明确轨道与卡车方位，安装轨道、轨道支撑点组织，包括主支柱、辅助支柱、止沉盘、连接挂勾以及其他零件等。之后连接轨道，轨道安装与连接工作结束后，对轨道进行歪曲校准。校准后，对支柱附近的半径30米、深40米的地点开展现浇混凝土，保证支柱不坍塌、不摇晃。

图2-4 轨道运输系统

## （二）水利系统

### 1. 排水

排水主要使用明沟，结合道路具体情形，按"就近排泄"的原则布置排水沟线路。各级排水明沟原则上应沿低洼积水线布设，并尽量利用天然河沟。厢沟、背沟等宜相互垂直连接；当地形坡度大时，背沟等末级沟沿地形等高线布设。

（1）拦山沟。拦山沟是在园区最上侧设置的一条较深的、沿等高线方向的沟，其作用是拦截山洪，将地表径流导入排水沟或蓄水池中，以免冲毁园地。拦山沟比降为0.3%～0.5%，汇入排洪沟前设置沉沙凼。还可在拦山沟的适当位置建蓄水池，将排水与蓄水相结合，少量雨水贮入蓄水池，蓄水池满后再排水下山。

（2）排洪沟。排洪沟是园区的排水主沟，用于汇集拦山沟、排水沟和背沟等来水，将其排到水塘、水库或柑橘园外。排洪沟位于柑橘园低处，采用片石、条石或砖混全浆砌结构，具体规格和密度根据汇水面大小来决定。

（3）排水沟。排水沟应结合道路系统形成"路路相通、沟沟相连"的布局模式，遵照"就近排泄""低洼设沟""充分利用天然河沟"3大原则进行布设。一般可考虑排水沟宽、深分别为0.5米、0.8米，每隔3～5米修筑一沉沙凼。在排水沟旁可设置一些蓄水坑或蓄水池，从沟中截留雨水贮于池中，也可设引水管将排水沟的水引入蓄水池贮备，供抗旱灌溉用。

（4）背沟、厢沟。容易积水的地块应修建背沟和厢沟。背沟与柑橘树干之间的距离要大于1米。垄畦改土的果园，在行间修筑厢沟（浅明沟），用来排除田间积水。

（5）沉沙凼。在山地、陡坡地等处水土流失比较严重，所有的排水沟、背沟旁都应设有沉沙凼。

## 2. 蓄水

蓄水系统设计以蓄水为主，引蓄结合。果园保留规划区内现有的堰、塘、库等蓄水设施，作为灌溉水源；同时为了方便喷药和零星灌溉用水，果园内需新建部分蓄水池。蓄水池类型分大、中、小3种，大型蓄水池蓄水量为100米$^3$以上（因地制宜设置），中型蓄水池蓄水量为50～100米$^3$（间隔20～50亩设1个），小型蓄水池蓄水量为1～2米$^3$（设若干个）。密度标准：原则上园内任何一点到最近的取水点之间的直线距离应不超过75米，且园区内大、中、小蓄水池应匹配建设以保证每亩地水源储备量不少于2米$^3$。

## 3. 灌溉

（1）节水灌溉（滴灌、喷灌）。节水灌溉技术，可结合肥水（药）一体化使用（图2-5）。但地形复杂、坡度大、地块零星的果园其安装难度大、投资大，节水灌溉设施使用管理不便。

图2-5　肥水一体化滴灌系统

（2）浇灌。浇灌是常用的灌溉手段。具体操作方式：手持皮管（软胶管）浇灌，全园铺设聚氯乙烯（PVC）管网，且设置主管和支管，将主管道埋设，埋设深度为0.4米，每隔15～20米留1个直径25毫米的给水桩，接软胶管手持灌溉。

（3）有机肥灌溉一体化。有机肥灌溉一体化结合有机肥液化管道系统（图2-6），其优势为成本低、效率高，更适合山地果园运用。灌溉水池与配肥池合并修建，共享管网。管网每隔20米设置1个直径25毫米以上的给水桩。

图2-6　有机肥液化管道系统

## （三）附属建筑等设施

附属建筑主要指管理用房、贮藏用房、抽水用房、工具用房等，其规划设计要根据需要因地制宜、合理安排。

# 三、果园建设

## （一）深翻整地

深翻整地要按照果园规划设计方案测量放线、划分小区，修筑必要的道路并建设排灌、蓄水、附属建筑等设施。平地及坡度＜15°的缓坡地（图2-7），可考虑5米开厢，栽植行向为南北。坡度为15°～25°的山地、丘陵地（图2-8），可考虑10米开厢（厢中需开沟，深0.5米以上），栽植行的行向与梯地走向相同，梯地走向应有0.3%～0.5%的比降。

图2-7　平地和缓坡地果园翻地整形

图2-8　丘陵山地果园翻地整形

## （二）土壤改良

无论在何种地形建园，都必须坚持"先改土、后种植"的原则。在一个成片园区内，要求统一放线，规范定植，横成行、竖成列。

### 1.水田改土

水田改土采用开沟垄畦改土的方式，改土前深挖排水沟，放干田中积水。在每个种植行挖宽1米、深0.8米的定植壕沟（图2-9），沟底再向下挖深0.2米（不起土，只起松土作用）。每立方米定植沟用杂草、秸秆、农家肥等改土材料（干重）30千克左右或10千克商品有机肥分3层回填于沟内，每层再填表层熟土20厘米厚，最终将定植沟填满并高出原地面30～40厘米。

图2-9　壕沟改土

### 2.旱地改土

土层厚度大于50厘米时，旱地改土采用壕沟改土的方式。土层厚度小于50厘米时，旱地改土采用挖穴改土的方式，挖深度为0.8～1米、直径为1～1.5米的定植穴（图2-10）。若定植穴积水，需要通过爆破，让穴与穴通缝或穴底开小排水沟等方式排水。旱地改土同样也需要有机物与表层熟土回填，最后填满并高出原地面30～40厘米。

图2-10　定植穴改土

## （三）苗木定植

### 1. 苗木质量

苗木应选用塔罗科血橙系列优良品种的无病毒容器苗，质量应达到重庆市柑橘发展产业化工程规定的苗木质量要求，其他按照《柑橘嫁接苗》（GB/T 9659—2008）的规定执行。

### 2. 定植时间

容器苗全年均可定植，最佳时间为3—5月和9—10月。

### 3. 定植密度

定植密度采用适度密植的栽培模式，株行距为3.5米×4.5米、3米×5米或2.5米×6米，每亩42～44株。

### 4. 苗木消毒

定植前，应提前对苗木进行消毒。

### 5. 定植方法

（1）定植前，采用经纬仪放线（图2-11），方格网定植，滑石粉（或石灰）撒个"十"字形标记定位；先做直径0.7～1米、高出地面0.3～0.5米的树盘，并在树盘上挖定植穴。

图2-11　经纬仪放线

（2）在定植穴内株施0.15～0.25千克复合肥、0.5千克钙镁磷肥且与地表下0.15～0.4米的土壤拌匀，上盖0.15～0.2米厚的细土。

（3）定植时，去掉营养钵，理直根系、剪除弯曲主根后放入定植穴中央（图2-12），培土、扶正、踏紧。定干高度为30～40厘米，浇透定根水。

（4）覆盖上1米$^2$的黑膜（或覆盖干草）保证成活率（图2-13）。

图2-12　苗木根系检查及处理

图2-13　树盘覆草

（5）多风地带，苗栽植后应在旁边插一根支柱，用绳将苗木扶正并固定在支柱上（图2-14）。

图2-14　立杆帮扶

# 第三章　土、肥、水管理

## 一、土壤管理

### （一）深翻扩穴

土壤深翻（图3-1）可促进根系伸展。深翻的优势具体表现为可改善土壤通透性，促进有机质分解，增强土壤保肥能力，利于柑橘根系对养分的吸收。每年9—10月在株与株之间挖深、宽各60厘米的扩穴沟，再混土填施杂草料20千克、畜禽堆肥粪15千克、生物有机肥1.5～2.5千克、过磷酸钙0.5千克和石灰0.5千克。

图3-1　土壤深翻

## （二）生草栽培或间作

果园生草栽培（图3-2）或间作（图3-3）可改善田间小环境。生草栽培或间作能改善柑橘园生态环境，减少水土流失，提高土壤有机质含量，缓和果园温度和湿度的变化。在幼龄树苗、树盘外人工种植或自然蓄留矮秆、浅根、适应性强的草种，如三叶草、印度豇豆、鼠茅草等；或在行间种植花生、大豆、紫云英等豆科类作物。伏旱来临前和果实成熟前1个月进行除草。

图3-2　生草栽培

图3-3　间　作

## （三）树盘覆盖

果园树盘覆盖（图3-4）主要作用是降温或防寒。树盘覆盖有很多好处，可以保持土壤表层疏松透气，减少水分蒸发，有利于土壤微生物活动。具体做法为夏季、冬季在距树干10厘米处和至滴水线30厘米处覆盖10～20厘米的作物秸秆。

图3-4　树盘覆盖

### （四）土壤pH

调节土壤pH，确保养分的有效性。适宜柑橘树生长的pH为5.5 ～ 6.5，土壤过酸或过碱都会影响柑橘根系对养分的吸收和利用。紫色土通常呈碱性，可以通过重施有机肥或硫黄粉来调节；水稻田土通常呈酸性，可用钙镁磷肥、白云石粉等碱性肥料来调节。各种调节肥可以在冬季清园时撒施，也可结合冬季基肥施用，用量应根据土壤pH和调节剂种类而定。

## 二、施肥管理

### （一）幼树四季精准施肥

幼树施肥主要目的是使枝叶尽快生长，培养良好的树冠，一般将施肥时期确定在春、夏、秋三季，在春梢、夏梢和秋梢抽生前施追肥，追肥以氮肥为主，配合施用磷钾肥、微量元素肥和有机肥，少量多次，总施肥量由少至多逐年增加。

一年生幼树施肥3—6月以尿素为主，7—10月施硫酸钾复合肥，每月施肥1次，株施50 ～ 100克。两年生、三年生幼树施肥集中在3月、5月、7月和9月各1次，以硫酸钾复合肥和有机肥为主。两年生的幼树每次施肥用量为复合肥株施100 ～ 150

克，商品有机肥株施800～1 000克；三年生的幼树每次施肥用量为复合肥株施250～500克，商品有机肥株施1 000克。同时，在春、夏、秋三季新梢转绿期叶面喷施0.1%～0.2%的尿素和磷酸二氢钾，根据营养状况决定叶面是否喷施锌、铁等微量元素。

## （二）结果树以产定量施肥

投产果园可以根据历年平均产量或当年预计产量，推算出全年肥料施用量，合理安排施肥。成年果树施肥应按照"有机肥与无机肥相结合，大量元素氮、磷、钾之间平衡，大量元素与微量元素也平衡"的施肥原则，可按照每100千克果实全年施氮0.6～0.9千克进行计算，比例为氮∶磷∶钾=1∶（0.6～0.8）∶（1.1～1.3）（表3-1）。

表3-1　成年果树施肥量

单位：千克

| （株）产量 | 月份 | 复合肥（氮∶磷∶钾） | 有机肥 | 微肥种类 | 备注 |
|---|---|---|---|---|---|
| 100 | 3月 | 1.5 | | Zn、B | 复合肥、有机肥沟施，微肥叶面喷施 |
| | 6—7月 | 1.5（1∶1∶3） | 2 | P、K、Ca、Mg | |
| | 9—10月 | 1（1∶1∶2） | 2 | P、K、Ca、Mg、B | |
| | 11—12月 | 1（1∶1∶2） | | | |

## （三）施肥方法

玫瑰香橙园施肥方法有根际施肥和叶面追肥2种，有机肥和速效化肥通常在根际施，微肥在叶面施。

根际施肥有树盘撒施、开沟施和灌溉浇施3种方式，生产上速效化肥采用树盘撒施或灌溉浇施的方式，有机肥用开沟施的方式。撒施（图3-5）肥料前先进行浅耕松土、除草，将树盘清理干净，再将肥料均匀地撒在树冠滴水线以内；开沟施（图3-6）是沿树冠滴水线开沟，将所需肥料与土壤混匀后回填施入沟内；灌溉浇施（图3-7）即将所需的肥料先溶于水，再浇于树盘根际。

图3-5　撒　施　　　　　　　图3-6　开沟施

图3-7　灌溉浇施

叶面施肥则常用于微量元素缺乏矫正和植物生长调节剂的使用。

# 三、排水与灌溉

## （一）定期清淤

定期清淤用于疏通排灌系统。多雨季节或果园积水时通过沟渠及时排水。果实采收前，多雨的地区还可通过地膜覆盖园区土壤（图3-8）来降低土壤含水量，从而提高果实品质。

图3-8　覆地膜

## （二）适时灌溉

适时灌溉（图3-9）可以满足果园的水分需求。安装滴灌或微喷设施的果园，干旱季节可以10天为1个周期，如果10天内没有中到大雨，且天气预报显示1～2天内也没有明显降雨，就必须进行1次充分灌溉，滴灌3～5小时。没有安装节水灌溉设施的果园，干旱季节可沿树冠滴水线挖3～4个直径30厘米、深40厘米左右的深坑，坑内填放一些杂草，再将水灌注至坑内。

图3-9　灌　溉

# 第四章　整形修剪

　　万州区玫瑰香橙的树形主要为自然开心形，生产上多以"简易、省力"方式整形修剪。对幼龄树，以整形为主，轻剪；对初结果树，以疏剪为主，轻剪长放，促进增产和树冠扩大；对盛果树，采用四季简易修剪法，即以采果后春剪为主，开"天窗"，剪去遮光大枝，剪去下部离地40厘米以下的所有衰老吊枝，亮出主干，同时剪去交叉枝、病枯枝、直立遮光枝、过密枝组等，夏季抹梢，秋季环割；对衰老树，实施重度回缩，使树体更新复壮。在对玫瑰香橙进行整形修剪时，应因树修剪，因地制宜，方法得当才能均衡树势，达到优质高产目的（图4-1）。

图4-1　丰产树形

# 一、整形修剪方法

## （一）抹芽放梢

抹芽（图4-2）是指将刚萌出的芽抹去。抹芽达到一定次数后停止抹芽，让新梢大量整齐抽发生长，称为放梢。抹芽放梢一般用于幼旺树。抹芽放梢有利于防治潜叶蛾、溃疡病等，抹除春梢营养枝可防止大量幼果脱落。

抹芽　　　　　　　　　放梢抽生的梢

图4-2　抹芽放梢

## （二）摘心

摘心（图4-3）是指在生长季节将尚未停止生长的新梢摘除其顶端一段。摘心可控制枝梢旺长，降低分枝高度，增加分枝级数和分枝数量。摘心常用于幼旺树和更新修剪后的植株，一般在新梢第10片叶展

摘心

图4-3　摘　心

开后，留8片叶摘除梢尖一段。一般不对秋梢进行摘心，以免诱发晚秋梢。

## （三）短截

短截（图4-4）是指将一年生新梢或多年生枝剪去一部分。短截越重，剪口枝的生长量越大，抽梢量越少。在生产中，可通过剪口芽方位及饱满程度的选留，调节剪口新梢生长的方向和强弱。短截可促进营养生长，还可以降低分枝高度。

## （四）疏剪

疏剪（图4-5）是指将一个枝梢、枝组或骨干枝从其基部分枝处剪去。疏剪可减少枝量，调整枝梢密度和空间分布，有利于缓和长势，促进花芽分化，提高坐果率。疏掉弱枝，保留强枝，能促进其生长和结果；疏掉强枝，保留弱枝，可削弱其生长。

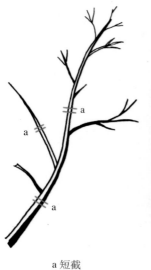

a 短截

图4-4 短 截

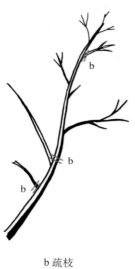

b 疏枝

图4-5 疏 剪

## （五）回缩

回缩（图4-6）是指将一个二年生以上的大枝或枝组从其下部的一个强壮分枝处疏剪去前端的衰退部分，再对剪口强壮枝梢进行中度短截。回缩常用于枝组更新复壮。

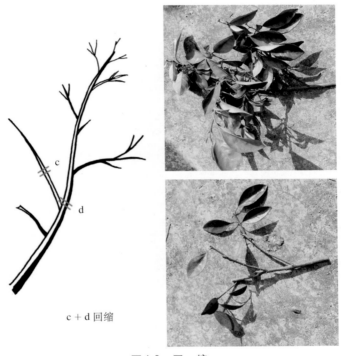

c + d 回缩

图4-6　回　缩

## （六）拉枝

拉枝（图4-7）是指用撑枝、拉枝、吊枝、缚枝等方式来改变枝条原来着生的姿势和角度。常用于幼旺树。

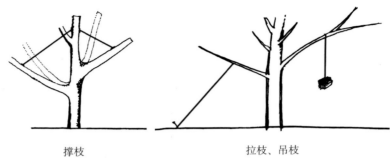

撑枝　　　　　　　　　　　拉枝、吊枝

图4-7　拉　枝

## （七）环割

　　环割（图4-8）是指用锋利小刀在强旺枝的基部环状切割1～3圈，刚好割断皮层，深达木质部，但不割伤木质部，留下局部区域不割伤。环割主要用于徒长枝、旺枝和旺树。秋季处理有利于促进成花，花前处理有利于保花保果。

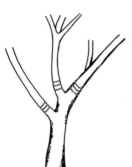

环割

图4-8 环 割

## （八）断根

切断1～2厘米粗的大根或侧根称为断根（图4-9）。具体操作方式是以树冠滴水线为界，挖开土层形成壕沟，切断壕沟中露出的一定数量的骨干根，将伤口剪平，晾根几天，再在土坑中填入有机肥。断根作为根系修剪的一种手段，多用于旺树，农事操作断根时通常于9月与施有机肥相结合。

图4-9 断 根

## 二、幼树整形修剪

幼龄树主要以整形为主，轻剪以迅速培养树冠骨架、扩大树冠、快速增加叶面积。定植后的前3年一般做如下处理（图4-10）。一是培养主枝，短截处理主枝延长枝。保持主干高度30～40厘米，培育3～4个主枝，每个主枝上有2～3个副枝，建立初步树形。二是适当采用拉枝等方式调整枝梢生长方向和分枝角度。

定干培养主枝

拉枝

图4-10　幼树整形修剪

# 三、初结果树修剪

初结果树以疏剪为主，继续选择培养和短剪各级骨干枝的延长枝，抹除顶部夏梢，促发健壮秋梢。过长的营养枝留8 ～ 10片叶摘心，回缩或短剪结果后的枝组。

## （一）开好"天窗"

这一时期树冠顶部抽生直立大枝较多，易造成树冠郁闭、上强下弱，因此要疏除中央直立大枝，开好"天窗"（图4-11）。

A.修剪前　　　　　　　　　　　B.修剪后

图4-11　开"天窗"

## （二）短截延长枝

对已选定的3 ～ 4个主枝的延长枝继续短截（图4-12），扩大树冠至计划大小，在其结果后再回缩修剪。

图4-12　短截延长枝

## （三）培养结果枝组

对于生长过长的夏梢，在基部留8～10片叶摘心，促其增粗尽快分枝（图4-13）。对已长成的夏梢，在秋梢抽生前

A.摘心撑枝

B.摘心

图4-13　夏梢摘心

15 ～ 20天短截，促进抽生秋梢母枝，培养结果母枝。对除延长枝以外直立旺长的夏秋梢进行撑枝、拉枝、吊枝处理。同时，在9月初对旺长大枝进行一次环割促花处理。

### （四）回缩结果枝

采果后对已结过果的吊枝进行回缩；其余结果枝或结果较少的枝组短截或不修剪，在翌年结果后再回缩修剪（图4-14）。

A.修剪前　　　　　　　　　B.修剪后

图4-14　回缩结果枝组

### （五）断根

旺长不开花的幼年结果树，于花芽生理分化期在树冠滴水线处开沟断根。

## 四、盛果期树修剪

盛果期树采用"开'天窗'、打吊枝、剪交叉、去病枝"的四季简易修剪法进行修剪，保障植株生长与结果相对平衡，防止大小年结果。

### （一）春剪

每年春季采果后，"掐头锯顶开'天窗'，下打吊枝亮主干，中间分层调叶花"（图4-15）。"开'天窗'"，即去掉内膛直立大枝1～2个，确保内膛小枝结果；"打吊枝"，即打掉外围下垂衰老枝，预防结果部位外移；"剪交叉"即剪去内膛交叉枝、重叠枝，实现中间分层，达到均匀立体结果。

A.修剪前　　　　　　　　　　　　B.修剪后

图4-15　春　剪

### （二）夏剪

"夏季抹芽是关键，修剪留斜不留直"（图4-16）。夏季坚持抹芽或喷药控芽，若要修剪，剪去直立旺枝，留斜生和下垂的中庸枝。

A.抹芽前　　　　　　　　　　　　B.抹芽后

图4-16　抹　芽

## （三）秋剪

"秋季环割促花芽，打密透光增品质"（图4-17）。一是9—

图4-17　秋　剪

10月，采用撑、拉、吊的方式培养新的结果枝组，用环割、施用烯效唑的方法促进花芽形成，克服大小年。二是剪去过密枝梢，达到内膛透光，有利于果实转色，增进品质。

### （四）冬剪

"撑树护果去病枯，切记除去晚秋梢"（图4-18）。一是通过竹竿等将果子支撑起来，减轻枝条压力，通过撑果同时将树冠下部的枝条撑起，把密集的枝条撑开，改善树冠中下部通风透光条件。二是冬季彻底剪除没有转色的晚秋梢和病枯枝，减少树体营养消耗，预防冻害。

图4-18　撑　果

## 五、衰老树修剪

结果多年的衰老树，若未按照四季简易修剪法进行修剪或栽培管理技术不到位，就可能出现树势衰弱的症状。若主干、大枝尚好，经过更新回缩能恢复结果能力的，可在前一年9—10月进行断根，株施5～10千克有机肥，更新根系；视树势衰退情况，进行不同程度的冬季修剪，促发隐芽抽生，恢复树势，延长结果年限（图4-19）。

图4-19　衰老树修剪

## （一）枝组更新

若部分枝群衰退，尚有部分结果的树可进行局部枝组的更新修剪。每年轮换1/3侧枝和小枝组，短截衰弱枝条2/3～3/4，促抽新的侧枝轮换结果，更新树冠可3年完成，全树更新后可继续投产。

## （二）露骨更新

树势中度衰退的老树，将全部侧枝和大枝组重截回缩，疏删多余的主枝、副主枝、重叠枝、交叉枝，保留主枝上的部分健康小枝。

## （三）主枝更新

树势严重衰退的老树，在距地80～100厘米处的3～5级骨干大枝上，选主枝完好、角度适中的部分剪除，待新梢萌发后抹芽放梢。

# 第五章　花果管理

　　玫瑰香橙的花果管理（图5-1）始于秋梢的促放，终于果实的采收，是集阶段性、连续性、循环性于一体的综合性工作。做好花果管理，既是当年果实产量及品质的保证，同时也是翌年开花结果的基础，对丰产稳产、保障收益、延长投产年限均有莫大好处。

A.花果同树　　　　　　　　　　　　　B.挂果

图5-1　玫瑰香橙果实

# 一、促花

玫瑰香橙树势旺盛，易徒长，成花难，所以在保持其树势健壮的基础上，可采取一些技术措施促进其花芽分化，尤其对花芽分化时期遇上雨水较多、寡日照等天气状况时作用更大。

## （一）控水

9—10月，秋梢老熟后，在树冠滴水线以内铺设薄膜（图5-2），对树体进行适度控水，有利于花芽分化。如树势过旺，可在9月底至10月底，沿树冠滴水线开沟断根以减少根系对水分的吸收，还可结合施用有机肥来控水（图5-3）。

图5-2 挖条沟断根　　　　图5-3 挖沟施肥

## （二）环割

树势偏旺、当年无花或少花，或初投产树，或花芽生理分化期遇高温多雨天气等情况下，在9月可通过环割部分大枝进行促花（图5-4）。

图5-4　对主枝进行环割

## （三）撑枝、拉枝、吊枝

6—8月将生长旺盛或生长直立的枝条进行撑枝、拉枝或吊枝（图5-5），增加枝条开张角度，缓和植株生长，从而促进其花芽分化。

图5-5　对直立枝条进行拉枝

药剂促花。对翌年花量少的树在9月初可喷施烯效唑等进行促花。

此外，合理施肥可以保花保果。

## 二、保果

### （一）提高坐果率

（1）环剥。在花期或幼果期，对树势强旺、花量少的植株，可采取环剥其健壮主枝或大枝2～3圈的做法，提高坐果率，推迟夏梢抽发（图5-6）。

（2）抹梢。初投产的玫瑰香橙常抽发过旺的晚春梢或早夏梢营养枝，需及时将嫩梢抹除（图5-7），以利于保果。

图5-6　对主枝进行环剥

图5-7　抹　梢

花期可喷0.1%～0.2%的硼砂加0.3%的尿素，快速分出大小果，提高坐果率。此外，还可以采取适度修剪、科学合理施肥等措施提高坐果率。

### （二）减少生理落果

在花谢2/3时，用液化赤霉素（GA$_3$）加6-苄氨基嘌呤

50 ～ 200毫克/千克或赤霉素加50 ～ 100毫克/千克6-苄氨基嘌呤喷幼果，以减少落果。也可在谢花后春梢转绿时，喷0.2%尿素加0.2%磷酸二氢钾，以减少幼果脱落。

### （三）防止采前落果

采前落果主要指果实成熟前1 ～ 2个月期间的落果（图5-8）。引起采前落果的主要原因为低温、土壤积水、果实挂树越冬、病虫害等。

图5-8　采前落果

采取秋末增施钾钙镁磷肥、冬前喷硼锌镁肥、采前深沟覆膜控水、寒冬前树冠覆盖遮阳率75%的遮阳网或无纺布的综合越冬技术（图5-9），同时结合病虫害防治，在11月中下旬至12月喷施1 ～ 2次吡唑醚菌酯或代森锰锌＋生态保果剂，可有效防止采前落果。

A.覆遮阳网　　　　　　　　　B.覆无纺布

图5-9　冬季覆盖

此外，可在11月中下旬将树干涂白（图5-10）。涂剂的配制：用生石灰0.5千克、硫黄粉0.1千克、水3～4千克，加食盐20克左右，调匀涂抹主干大枝，有杀虫灭菌的作用。

图5-10　冬季树干涂白

## 三、防裂果

防裂果的措施有两种，一是加强栽培管理，及时灌溉，防旱防涝，雨前充分灌水，尤其在果实成熟期，要保证水分供应均衡，不可一次性过量浇水，使含水量出现较大幅度变化，应确保果皮与果肉生长保持一致。二是及时施肥，6月中下旬增施钾肥和钙肥或在6月底、7月初开始对树冠喷施0.3%～0.5%硫酸钾2～3次，也可喷施硝酸钾与氨基酸钙或腐殖酸钙混合液2～3次，以提高果皮韧性。

# 四、防日灼

夏季日照时间长，土壤干旱时容易发生日灼现象，特别是在幼年结果树上发生普遍。

## （一）合理灌溉

7—9月果实膨大期要及时灌溉，可采用沟灌（图5-11）、盘灌（图5-12）、穴灌（图5-13）、滴灌（图5-14）等方式。如遇极端干旱天气，可采取穴灌方式，即在果树滴水线内侧1/3处，开挖1个30厘米×30厘米×40厘米的相邻孔穴，穴内填满糠壳、枯草等，上午10时前或晚上6时后，结合抗旱剂的使用，灌注约50升水，随即用草覆盖以减轻蒸发损耗，但要注意禁止漫灌。

图5-11　沟　灌

图5-12　盘　灌

图5-13 穴 灌

图5-14 滴 灌

## （二）提高抗逆能力

清晨温度相对较低时，采用叶面喷施0.2%硫酸钾＋0.2%硫酸锌＋芸薹素内酯1 000倍液、土壤施黄腐酸钾肥等措施，提高树体自身合成生长素的能力，平衡树体内在激素，从而提升树体抗逆能力。

## （三）遮阳避光

可通过覆盖遮阳网（图5-15）、遮阳伞、无纺布等方式进行

图5-15 覆盖遮阳网

物理降温，对幼树和树干裸露的果树进行树干涂白、合理修剪留枝（留叶）等操作，降低日灼果发生的概率。

## （四）树盘覆盖

用粉碎的秸秆、稻草、杂草等进行树盘覆盖，覆盖厚度为10～20厘米，覆盖物与树干保留10～15厘米空隙（图5-16、图5-17）。

图5-16　生草覆盖

图5-17　秸秆覆盖

## （五）合理施药

避免在高温烈日下喷洒农药，尤其要避免喷洒石硫合剂、乳油剂型类等会加重日灼的药剂。

# 第六章 果实采收与贮藏保鲜

## 一、果实采收期的选择

玫瑰香橙的采收时期直接关系到果实的商品性及贮藏情况，采收过早果实品质没有发育完全，果肉风味不浓郁；采收过迟果子过熟，易腐烂，不耐储运。其成熟通常在2月中下旬，采收标准因贮藏时间的长短而异，短期贮藏的果子宜在果肉花青素着色、可溶性固形物为10%～12%时采收；长期贮藏的果子宜在九成熟、果实酸度高于0.8%且果面转黄时采收（图6-1）。

图6-1 成熟果实

## 二、采收方法

采收时为避免果皮表面刮伤，应从树体底部向顶端、由树体外围向内采摘，且严格遵循"一果两剪"（图6-2）原则，第一剪手托果实在离果蒂1～2厘米处将果实从枝条上剪下，第二剪把带部分枝叶的果实果柄剪至与果肩齐平。

图6-2　一果两剪

## 三、果实贮藏

### （一）留树贮藏保鲜

为减缓销售压力，同时降低贮藏成本，可根据树体状况对血橙采取"留树保鲜"的方式。留树贮藏留果量不可高于树体总产量的70%（图6-3），对挂果量大的果树需适当采收，并依照"采三留七""采四留六"的比例，将成熟度较好的果子先行采摘（图6-4）。

图6-3　果实留树　　　　图6-4　采　摘

同时尽量保留内部果、中部与中下部果，而树冠外部与树顶部果实应少留。留树贮藏保鲜会增加树体负担，消耗大量养分，若养分供应不足，会影响翌年花芽分化，因而此时需要再补充肥水，保证养分供给。

## （二）采后贮藏保鲜

采后贮藏保鲜需进行预冷处理。刚采摘的果子在高温下生理作用旺盛，品质下降快，采后不能随地堆放，应放在遮阳的场所（图6-5）。长期贮藏的果实采后要分级剔除残次果，立即将伤果、落地果、病虫果、泥浆果、畸形果挑出。

图6-5　采后遮阳

要贮藏的果实，经分级后（图6-6），24小时内必须进行清洗及杀菌处理。贮藏清洗及杀菌处理能去除果皮表面杂质、病菌孢子等。将装有果实的框放入配有杀菌剂的浸药池内，让果实浸泡3～5秒，然

图6-6　果实分级

后将框提起，沥干水分后入库贮藏。常用的清洗剂有含氯消毒

剂、硼砂、碳酸钠、电解水及热水；或选专用杀菌剂，如多菌灵、抑霉唑等。杀菌剂应选用国家允许并登记的产品，且严格按照使用说明上标注的浓度及使用方法使用。

贮藏环境的控制。贮藏温度要恒定，控制在0～10℃。

贮藏性病害的控制。采后腐烂主要是由真菌侵染引起，少部分由细菌和其他病害引起。常见的贮藏性病害有青霉病、绿霉病、酸腐病等。

# 第七章　病虫害绿色防控

## 一、主要病虫害绿色防控技术

通过多年多点试验示范探索优化，总结形成了"健身栽培＋理化诱控（灯诱、性诱、色诱、食诱）＋释放捕食螨＋科学用药"的玫瑰香橙主要病虫害绿色防控技术集成模式（图7-1），主要技术内容如下。

A.悬挂黄板

B.安装杀虫灯

C.释放抗药性捕食螨　　　　　　D.使用农药减量助剂

图7-1　绿色防控技术及产品

## （一）健身栽培

一是采果后适时修剪并适量施肥，每株柑橘树（成株树）施2千克有机复合肥；7月壮果期每株柑橘树（成株树）施3.7千克有机复合肥。

二是冬季撒施早春开花的豆类植物（早春豆类植物上的叶螨、蚜虫等可作为捕食螨"荒月"的食源）。

三是柑橘采果结束后，在叶面喷施氨基寡糖素750倍液，提高柑橘抗病虫能力。

四是晚冬及早春全园清除残存病虫。在柑橘收获后，及时清除病虫、无用枝，并用松脂合剂进行全面清园。

## （二）理化诱控

一是在柑橘园内放置杀虫灯，以30亩左右放置1盏为宜，放于柑橘园与杂树林间。

二是3月下旬至4月上旬，在橘蚜和粉虱初发生（成虫迁飞入园期）时，每3株树间悬挂1张黄色粘虫板，悬挂高度应高于树顶。

三是5月下旬至6月中旬（成虫羽化始盛期）柑橘大实蝇成虫明显增加时，以柑橘大实蝇为害的果园和临近的杂木林为重点，选用实蝇诱杀剂进行喷药诱杀或悬挂球形诱捕器诱杀。喷药诱杀一般每隔7天喷1次，共喷药5～6次；悬挂球形诱捕器一般15天换1次，通常需更换2次；也可两种防控方法交替或结合使用。

四是在6—7月柑橘潜叶蛾为害高峰期，使用柑橘潜叶蛾性诱剂进行诱杀，每亩放置1个诱捕器，悬挂于树高2/3的树冠边缘。

### （三）生物防治（释放捕食螨）

在4月中下旬柑橘红蜘蛛发生初期（每叶害螨数在2头以内），开始投放捕食螨（含活虫数达500头以上），每株悬挂1袋（如已连续投放3年以上，可2株悬挂1袋）。在释放捕食螨前30天需对各种可能发生的柑橘病虫害进行全面清园，建议使用生物农药或高效、低毒、低残留的化学农药。

### （四）科学用药

一是4月中上旬在柑橘修剪成形后，当螨类（粉虱）、蚜虫虫口数每叶超过3头时，使用高效低毒农药压低虫口基数。

二是9月中下旬，重点调查害螨、橘蚜、粉虱是否达到防治指标，对达标区域开展防治。

三是使用化学农药时，推荐使用农药减量助剂，可降低化学农药用量。

## 二、主要病虫害识别与防治

### （一）柑橘大实蝇

#### 1. 为害状

柑橘大实蝇（图7-2）主要以幼虫在果实内取食为害，卵被产至果实内部，孵化后就开始取食果肉，果实内部被掏空，呈现棉絮状，受害的果实外观通常黄中带红，未熟先黄，极易脱落，脐橙等柑橘经柑橘大实蝇产卵后通常有突起状的产卵痕。

A.成虫

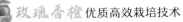
B.果实上的产卵痕

C.幼虫

D.蛆果处置

图7-2　柑橘大实蝇

### 2.分类与特征

柑橘大实蝇属双翅目，实蝇科，寡鬃实蝇亚科。

（1）**成虫**。体长9～14毫米，翅展约20毫米，初羽化成虫体色为金黄色，后转为黄褐色，胸部背板中央有深褐色"人"字形斑纹，其两侧各有1个黄色条状斑，中胸背板基部至腹部末端有黑色纵纹，与第三腹节黑色横纹形成"十"字形黑色斑纹，"人"字形斑纹与"十"字形黑色斑纹为识别该虫的典型特征。

（2）**幼虫**。幼虫共有3龄，体节为11节，蛆形，呈乳白色至乳黄色光泽，三龄老熟幼虫体长约15毫米。

（3）**卵**。乳白色，表面平整光滑，呈长椭圆形，长约1.5毫米。其一端稍尖，而另一端较钝；卵的端部较为透明，中部略弯曲。

（4）**蛹**。围蛹，呈黄褐色、椭圆形；在羽化前多呈黑褐色，长度为8.0～10.0毫米。

### 3.发生规律

柑橘大实蝇1年发生1代，通常以蛹在土里越冬。翌年4月下旬开始羽化，5月中上旬为羽化高峰期，5月下旬至7月开始产卵，6月中旬至7月中旬是产卵盛期，8—9月孵化成幼虫，幼虫在果内取食生长，导致果实未熟先黄，9月开始脱落，10月中下旬为落果盛期，幼虫随着落果到了地面，老熟后钻出果入土化蛹。成虫羽化后20天开始交尾，交尾后15天左右就开始产卵，1只成虫产卵2～13粒，最多可产40～65粒。

### 4.防治方法

（1）**成虫阶段防控**。

①地面封杀。对上年柑橘大实蝇发生比较严重的果园，在成虫羽化始盛期（一般为5月中上旬）可在树冠内的地面上用55%氯氰·毒死蜱乳油（登记防治对象为柑橘大实蝇）800～1 000倍液喷雾，每亩用药200克，封杀羽化出土的成虫。

②成虫诱杀。诱杀集成技术能有效杀灭柑橘大实蝇成虫，减少虫口基数，降低当年蛆果率，是防治柑橘大实蝇的关键技术。根据常年成虫监测结果会商分析，从成虫羽化始盛期（一般为5月下旬至6月中旬）或柑橘大实蝇成虫明显增加时开始，以柑橘大实蝇为害较重的果园和临近的杂木林为重点，进行喷药、挂罐以及悬挂诱捕器诱杀。

③喷药诱杀。建议选用0.1％阿维菌素浓饵剂等正式登记的农药产品进行喷药诱杀。每亩用0.1％阿维菌素浓饵剂1袋（180克），稀释两倍使用，每隔7天喷1次，一般共喷药5～6次。点状喷施，即选择果树中外层叶片点状喷洒，每亩果园均匀选取10个点，每个点喷施脸盆大小的区域。带状喷施，适合机动喷雾器大面积喷雾，顺果树行对树冠一侧的中外部叶片喷施，形成1条宽约0.5米的药带，受药株数约占全果园的20％～25％。

④挂罐诱杀。建议选用0.1％阿维菌素浓饵剂，稀释两倍使用，每个罐配制药液30～50毫升，每亩果园均匀选取10个点挂罐，每隔7天更换1次药液，一般共更换5～6次；若使用一般的食物诱剂（如糖酒醋药液等）进行挂罐诱杀，可提前至5月上旬开始，直至8月中旬为止，每隔7天更换1次诱剂（现配现用，混合均匀）。

⑤悬挂诱捕器诱杀。选择球形诱捕器，在为害较重的果园进行悬挂诱杀。每亩果园均匀选取10株树，在树冠下部阴凉处各挂诱集球1个，每隔15天追加悬挂1次，连续追加2次。

（2）幼虫阶段防控。

①摘除青果和蛆果，及时处理落地果。在7—8月摘除有产卵痕的青果；从9月中旬开始，摘除未熟先黄果，放入专用厚型塑料袋中，并贴上带有"剧毒"等字样的标签，扎紧袋口密封，5～7天后，受害果中的幼虫即可全部死亡。

对受害严重而又零星分布、疏于管理甚至荒废的果园，可采取高接换种或7—8月摘除全部青果的措施除果断代。

②加强果品市场检疫监管，阻断疫情的远距离传播。蛆果的调运是柑橘大实蝇远距离传播的主要途径，柑橘果品销售期间，应加强果品市场的检疫检查，阻断疫情的远距离传播。

## （二）柑橘全爪螨

### 1. 为害状

柑橘全爪螨（图7-3）又称柑橘红蜘蛛，主要以成螨、若螨和幼螨通过口器刺破叶片、绿色枝梢及果实表皮吸食汁液。被害叶片呈现灰白色小斑点，失去光泽，严重时全叶失绿变成灰白色，甚至会导致大量落叶，影响树势和产量。

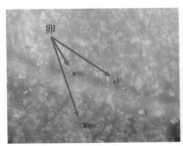

A.卵

B.成螨

C.成螨及其为害状

图7-3　柑橘全爪螨

**2.分类与特征**

柑橘全爪螨隶属于节肢动物门，螯肢动物亚门，蛛形纲，蜱螨目，叶螨科，全爪螨属。

（1）成螨。雄成螨体长约0.3毫米，后端略尖，呈楔形。

（2）卵。直径0.13毫米，扁球形，初产时鲜红色后渐褪色。卵上有一垂直小柄，柄端有10～12条细丝，向四周散射伸出，附着于产卵处。

（3）幼螨。体长约0.2毫米，初孵时淡红色，足3对。若螨形状、色泽均与成螨相似，但个体略小，足4对。幼螨蜕皮则为前若螨，再蜕皮为后若螨，后若螨蜕皮则为成螨。

**3.发生规律**

柑橘全爪螨世代重叠严重，一般1年12～20代。主要以卵或雌成螨在枝干裂缝、落叶以及根际周围浅土层土缝等处越冬。柑橘全爪螨的发生与柑橘抽梢期及气温关系密切，3—5月，一般在柑橘开花前后出现第1次螨口高峰，为害严重时可使全树叶片枯黄泛白，9—11月秋梢抽发好的柑橘树出现第2次高峰。该螨完成1个世代平均需要10～15天，既可营两性生殖，又可营孤雌生殖，雌螨一生只交配1次，雄螨可交配多次。

**4.防治方法**

（1）**农业防治**。做好冬季修剪及清园工作。冬季修剪徒长枝、病虫枝、荫蔽枝，集中销毁，并用石硫合剂或机油乳剂进行清园。

（2）**生物防治**。一般在4—5月、8—9月人工释放巴氏钝绥螨或胡瓜钝绥螨等捕食螨。具体方法：每株柑橘树挂放1袋捕食螨，挂袋高度为1米，选择枝叶下避光隐蔽处挂袋。

（3）**化学防治**。选用40%炔螨特微乳剂1 000～2 000倍液、40%哒螨·乙螨唑悬浮剂5 500～7 000倍液、22%阿维·螺螨酯悬浮剂4 000～6 000倍液等环境友好型药剂防治，注意药物轮换使用。

### （三）柑橘潜叶蛾

柑橘潜叶蛾（图7-4）属鳞翅目，潜叶蛾科，是一种重要的柑橘害虫。

A.柑橘潜叶蛾正面　　　　B.柑橘潜叶蛾背面　　　C.柑橘潜叶蛾为害后期

图7-4　柑橘潜叶蛾

#### 1.为害状

柑橘潜叶蛾幼虫钻入柑橘幼芽嫩叶表皮之下取食叶肉组织，取食后形成蜿蜒的虫道，留下粪线，外观上形成银白色弯曲隧道。受害叶片卷缩，严重影响幼苗、幼树的树冠形成，以及成年树的树势，从而影响其翌年开花结果。

#### 2.分类与特征

成虫体长，触角呈丝状，前翅基部有黑色纵纹，靠近翅尖部位依次可见到白斑和黑斑；卵扁圆形，白色，透明；幼虫体扁平，纺锤形；蛹扁平，纺锤形，初为淡黄色，后变深褐色。

#### 3.发生规律

柑橘潜叶蛾1年一般发生9～10代，多的可达15代，世代重叠，以蛹和幼虫在被害叶上越冬。翌年4—5月羽化为成虫，羽化后2～3天开始产卵，幼虫孵化后，从卵底潜入叶表皮下，在叶内取食叶肉，逐渐形成弯曲虫道。7—8月为害最重，幼虫老熟后，将叶片边缘卷起来并在里面化蛹。

4. 防治方法

（1）农艺防治。首先，结合柑橘整枝修剪，剪除虫枝、虫梢和被害叶并带离橘园进行集中深埋处理。其次，药剂清园，全园喷洒机油乳剂、矿物油和石硫合剂等，减少越冬虫源。

（2）药剂防治。7—9月，多数嫩叶长至0.5～2.5厘米时，选用100克/升顺式氯氰菊酯乳油10 000～20 000倍液、200克/升四唑虫酰胺悬浮剂10 000～20 000倍液、5%吡虫啉乳油1 000～2 000倍液、50克/升氟啶脲乳油2 000～3 000倍液、100克/升高效氯氟氰菊酯乳油750～1 000倍液等环境友好型药剂防治，一般7～10天施1次，连施2～3次。

### （四）柑橘粉虱与黑刺粉虱

柑橘粉虱（*Dialeurodes citri* Ashmead）和黑刺粉虱（*Aleurocanthus spiniferus* Quaintance）（图7-5）属同翅目粉虱科，

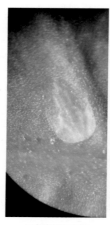  

A.柑橘粉虱蛹    B.柑橘粉虱羽化    C.黑刺粉虱

图7-5　柑橘粉虱与黑刺粉虱

主要为害春、夏梢，诱发煤烟病，引起枯梢，使果实生长缓慢，直至脱落。

**1. 为害状**

柑橘粉虱与黑刺粉虱主要以若虫聚集于叶片背面固定吸汁为害，并能分泌蜜露诱发煤烟病，致枝叶发黑、树势衰弱。

**2. 分类与特征**

（1）柑橘粉虱。成虫被有白色蜡粉，复眼红褐色。卵椭圆形、淡黄色，卵壳平滑，卵柄着生于叶上。若虫初孵时，体扁平、椭圆形、淡黄色。蛹壳略近椭圆形，成虫未羽化前蛹壳呈黄绿色，可以透见虫体，羽化后的蛹壳呈白色。

（2）黑刺粉虱。成虫体橙黄色，前翅紫褐色，上有7个白斑，后翅淡紫褐色。卵新月形，长约0.25毫米，直立附着在叶上，初呈乳白色后变淡黄色，孵化前灰黑色。若虫体长约0.7毫米，黑色，体周缘分泌有明显的白蜡圈。蛹椭圆形，初呈乳黄色渐变为黑色；蛹壳椭圆形，漆黑有光泽，壳边锯齿状，周缘有较宽的白蜡边，背面显著隆起。

**3. 发生规律**

（1）柑橘粉虱。柑橘粉虱以四龄幼虫及少数蛹固定于叶片背面越冬。在重庆地区一年发生2～3代，6月中下旬、8月中下旬为全年高峰期，成虫羽化后当日即可交尾产卵，未经交尾的雌虫可行孤雌生殖，但所产卵均为雄性，初孵幼虫爬行距离极短，通常在原叶上固定为害。

（2）黑刺粉虱。重庆地区1年发生4～5代，以二至三龄幼虫于叶背上越冬。发生不整齐，田间各种虫态并存。在重庆越冬幼虫于3月上旬至4月上旬化蛹，3月下旬至4月上旬大量羽化为成虫，随后产卵。幼虫盛发期为5—6月、6月下旬至7月中旬、8月上旬至9月上旬、10月下旬至11月下旬，成虫多在早晨露水未干时羽化。羽化后2～3天，便可交尾产卵，多产于叶背，散生或密集分布呈圆弧形。

4.防治方法

（1）农业防治。冬、春季修剪枝条，剪除被害严重的枝条、果树内膛的弱枝、交叉荫蔽枝，减少越冬基数；密植园随着树体长大实行间伐，使果园通光透气；加强肥水管理，地势较平坦的橘园要开沟排湿，增施磷、钾肥，适时根外追肥，提高树体抗逆能力；保留橘园低矮的良性杂草，提高柑橘粉虱主要天敌——座壳孢菌的寄生率。

（2）物理防治。柑橘粉虱对黄色有趋向性，可在与柑橘新梢等高的位置每亩挂置黄板20块，有条件的可分区连片安装杀虫灯，诱杀成虫。

（3）生物防治。释放寄生蜂控制柑橘粉虱为害，也可采集已有座壳孢菌寄生的柑橘枝叶，悬挂到粉虱严重的橘园中，提高寄生率，达到生物防治的目的。

（4）化学防治。柑橘粉虱由于有世代重叠的特点，难以防治。但每年柑橘粉虱的第1代发生较整齐，是全年防治的关键时期。第1代防治又以幼虫高峰期为防治最佳时机。通常柑橘粉虱产卵于叶背，故幼虫一般会群聚于叶背，因此在施药时叶背是重点。药剂可选用22%吡虫·毒死蜱乳油2 000～2 200倍液，或者24%阿维·螺虫酯悬浮剂4 000～5 000倍液，或者15%阿维·噻嗪酮悬浮剂1 000～1 500倍液等。

## （五）柑橘恶性叶甲

柑橘恶性叶甲（*Clitea metallica* Chen）（图7-6）属鞘翅目，叶甲科，幼虫俗称

图7-6　柑橘恶性叶甲

"背屎虫"，成虫又称"恶性叶虫"或"黑叶跳虫"，寄主仅限于柑橘类，春梢受害最重。

### 1. 为害状

柑橘恶性叶甲主要以成、幼虫的咀嚼式口器为害新芽、嫩叶、新梢、花蕾。成虫常聚集于嫩梢取食叶片，并分泌黏液、排泄粪便污染嫩叶，使叶变得焦枯而萎缩脱落。芽、叶被食后呈残缺状，花蕾受害后干枯，幼果常被咬成大而多的缺刻，变黑脱落。

### 2. 分类与特征

成虫长椭圆形，体长约4毫米，头、胸及鞘翅均为蓝黑色，前胸背板密布小刻点，在每一鞘翅上小刻点排为10纵列。卵长椭圆形，长约0.5毫米，初为白色，后变为黄白色，卵壳外有黄褐色网状黏膜。幼虫共3龄，前胸背板上有半月形的硬皮，分成左右2块，中、后胸两侧各有1个黑色突起。背部常有灰绿色粪便及黏液。蛹椭圆形，长约2.7毫米，初为黄色，后变为橙黄色，腹部末端有1对色泽较深的叉状突起。

### 3. 发生规律

柑橘恶性叶甲在重庆地区一年发生3代，以成虫于干枯的枝干中或卷叶内越冬。各代幼虫的发生期分别为4月下旬至5月中旬、7月下旬至8月上旬和9月中下旬，以第1代幼虫为害春梢最为严重。卵多产于叶片上，往往2粒并列。

### 4. 防治方法

(1) 农业防治。结合冬季清园清除枯枝、枯叶和霉桩，清除柑橘恶性叶甲的越冬场所。

(2) 化学防治。在初孵幼虫盛期（主要是第1代）喷药防治，药剂有20%甲氰菊酯乳油2 000～3 000倍液、2.5%溴氰菊酯乳油2 000～2 500倍液、20%氰戊菊酯乳油1 000～2 000倍液等。

### （六）柑橘溃疡病

柑橘溃疡病（citrus bacterial canker disease）（图7-7）是对柑橘为害最严重的一种细菌性病害，由黄单胞菌柑橘亚种（*Xanthomonas citri* subsp. *citri*）引起。因其为害严重、易于传播且防治困难，曾经被30多个国家和地区列为检疫性有害生物，且目前仍是重庆市补充检疫性有害生物，主要为害芸香科类作物叶片、枝梢、果实和萼片，导致落叶、落果、树势衰弱，受害果实失去其商品价值，严重时叶片落光，整株枯死。

A.果实受害状　　　　　B.叶片受害状　　　　　C.枝条受害状

图7-7　柑橘溃疡病

### 1. 症状

柑橘溃疡病典型的症状是形成木栓化突起。叶片受害后叶背初生黄色针头大小的油渍状圆形斑点，随后叶片的正反面都会随之隆起，发病部位表皮木栓化即开裂成为火山口状，病斑周边出现黄色晕圈，老病斑黄色晕圈不显著。被柑橘潜叶蛾为害的部位更易被柑橘溃疡病侵入感染，病斑小而多，常连成片。枝梢受害以夏、秋梢为最重，病斑发生在嫩梢上，病斑与叶片相似，但木栓化程度更好，典型特征为凸起显著，无黄色晕圈出现，多雨潮湿时病斑处可见菌脓溢出。柑橘溃疡病为害严重时会出现在果实表面，其病斑与叶片相似，但木栓化程度比叶片要高，火山口开裂也更明显，但不会损害果肉或者影响果实形状。

### 2. 传播途径

柑橘溃疡病可通过带病菌的苗木、接穗、种子、果实等进行远距离传播，也可通过接触过柑橘溃疡病病菌的人员、车辆、工具等传播；园中已有柑橘溃疡病病菌时，可通过雨水浸泡病斑而扩散、昆虫携带扩散、鸟类携带扩散等方式传播。

### 3. 发生规律

柑橘溃疡病的侵入流行与物候期密切相关，溃疡病病菌感染叶果后，3天内会进入叶肉组织内部，病原生长最适温度为25～34℃。一年有3个高峰期，春梢发病高峰期在4月上旬，夏梢发病高峰期在6月下旬，秋梢发病高峰期在9月下旬，春、夏、秋3季溃疡病表现症状的时间均为叶片达到最大面积的时期，尤以夏梢最为严重。若遇干旱季节，虽处于嫩梢期，温度亦适宜，但缺少雨水且温度低，病害就不会发生或发生很轻。果实从第1次生理落果期至果实开始着色前溃疡病都可以侵入。果实初现病斑是第1次生理落果结束的时期。

### 4. 防治方法

严格调运检疫，禁止从柑橘溃疡病区调运苗木、接穗和砧木种子；禁止从病区运入鲜果销售，一旦发现应立即彻底销毁。

## （七）柑橘脂点黄斑病

柑橘脂点黄斑病（greasy yellow spot of citrus）（图7-8）是柑橘重要的真菌性病害之一，是由柑橘球腔菌（*Mycosphaerella citri*）引起的。主要以菌丝侵染叶片枝梢等为特征，暴发时会引起大量落叶，严重影响柑橘树势。

A.叶片正面照      B.叶片背面照

图7-8 柑橘脂点黄斑病

**1. 症状**

症状在田间表现为3种类型。

（1）脂点黄斑型。发病初期叶片背面出现褪绿针头大小的小点，后发展成黄色斑块，病斑上出现疹状小粒点，颜色由黄色发展成暗褐色至黑褐色的脂斑。叶片正面出现黄色斑块，中部有淡褐色至黑褐色的疹状小粒点。

（2）褐色小圆星型。发病初期叶片表面出现接近圆形的斑点，后发展成灰褐色病斑，边缘颜色深稍隆起，中间稍凹陷，病斑上面布满黑色小粒点。

（3）混合型。发病时同一叶片同时出现脂点黄斑型和褐色小圆星型的病斑。夏梢受害后，最容易在叶片上出现混合型症状。果实受侵染后，在果皮上出现褐色小斑点，病原菌不侵入果肉。

**2. 发生规律**

病原菌生长最适宜温度为10～35℃，病原菌具有潜伏期，可潜伏2～4个月。病原菌多以菌丝体于树上病叶或落地病叶中越冬，也可于树枝上越冬。翌年4月病原菌开始侵入，气温回升至20℃以上时，病叶经雨水湿润，产生大量子囊孢子，引起初侵染，5月显现发病症状，6—7月是侵染高峰期，9—10月进入发病高峰期。

3.防治方法

（1）农业防治。对树势衰弱，历年发病较重的果园，要开展配方施肥，增施有机肥，科学根外追肥，及时补充树体营养。冬春季及时清除果园内的枯枝、落叶、杂草，结合清园，疏剪密生枝、纤弱枝和病虫枝，集中深埋或销毁。

（2）化学防治。5月上旬在病原菌开始侵染柑橘叶片时进行第1次喷药，可喷施75%肟菌·戊唑醇水分散粒剂4 000倍液或60%吡醚·代森联水分散粒剂1 500倍液，在实际防治过程中可根据病害发生程度决定喷药次数和间隔期，一般可间隔15天进行第2次防治，若发病严重可酌情再间隔15天进行第3次防治。药剂可选用代森锰锌、苯醚甲环唑、戊唑醇、嘧菌酯、吡唑嘧菌酯等，轮换使用。

## （八）柑橘炭疽病

柑橘炭疽病（图7-9）俗称"爆皮病"，是由围小丛壳菌侵染引起的一种病害，主要为害叶片、枝梢、花、果实、果梗和苗木，常造成叶枯、梢枯、落花、落果及果实腐烂，从而导致树势衰弱，产量下降。该病也是一种重要的采后病害，果实的贮藏和运输期间若发生炭疽病，常造成果实腐烂，导致商品失去价值。

图7-9 柑橘炭疽病

1. 症状

（1）叶片症状。叶片受害类型分为急性型和慢性型2种。急性型炭疽病最初在叶尖处发生，病斑暗绿色至黄褐色，似热水烫伤，叶卷曲，整个病斑呈V形，湿度大时出现许多红色小点。慢性型炭疽病经常发生在叶片边缘或近边缘处，病斑中央灰白色，边缘褐色至深褐色，湿度大时可见红色小点，干燥时则为黑色小点，排列成同心轮状或呈散生状，病叶落叶较慢。

（2）枝梢症状。枝梢受害类型有2种，一种是从枝梢顶端发生，逐渐向下扩展，枝梢由上而下枯死，病斑多发生在受冻害后的秋梢上，初期病部为褐色，后扩大为灰白色长梭形，病健组织分界明显，其上散生许多小黑点；另一种是从枝梢中部发生，多发生在雨后高温季节，从叶柄基部腋芽处或从受伤皮层开始发病。病斑初为淡褐色，椭圆形，后变长梭形，当病斑环绕枝梢时，病梢即枯死。

（3）花朵症状。花期雌蕊柱头被侵染后，常呈褐色腐烂状，引起落花。

（4）果实症状。幼果受害，初期呈现暗绿色油渍状病斑，后扩展至全果，病斑凹陷，颜色为深褐色，引起腐烂落果或干缩成僵果挂于树上经久不落。长大后的果实受害，症状表现为干瘪、泪痕和腐烂3种类型。干瘪型主要发生在果腰部，呈近圆形黄褐色病斑，病组织不侵入果皮下；泪痕型是在果皮表面有一条条如眼泪一样的病斑；腐烂型主要在果实采收贮藏期间发生，一般从果蒂部开始，初期为淡褐色，以后变为暗褐色继而腐烂。

（5）贮藏期症状。果腐烂多从果蒂及其附近开始发病，病斑初呈淡褐色水渍状，后变成褐色或深褐色腐烂并扩展至全果。

2. 发生规律

病原菌主要以菌丝体和分生孢子于病梢、病叶和病果上越冬。第2年春季，当环境条件适宜时，病组织上产生的分生孢子借风雨、昆虫传播，直接侵入或从气孔和伤口侵入。发病部位可以不断产生分生孢子，进行多次再侵染从而导致病害流行。一年中不同时期分生孢子传播量的多少，主要取决于降雨次数和降雨持续时间的长短，一般在春梢生长期开始发病，若在高温多雨的夏初或遇到暴雨，其发病就特别严重，因此，一年中在夏、秋梢上发生较多。分生孢子萌发侵入寄主后一般不立即发病，而是经过一段潜育后，如果遇到干旱、冻害、不良管理等因素就会引起发病，并表现出症状。正常生长的幼年树和初结果树发病轻；同一树龄的柑橘，树势健壮的发病轻，树势衰弱的发病重；土壤结构差、有机质含量低、地下水位高、排灌条件差的果园发病较重；通风透光良好的果园，发病较轻；果实过熟、有伤口及受日灼的果实容易感病；遭受其他病虫为害重的果园发病较重。

3. 防治方法

（1）农业防治。加强栽培管理，增强树势，清洁果园，减少菌源，结合果树修剪，剪除病梢、病叶和病果，同时清除落叶、枯枝和落果，并集中销毁，减少病源。冬季清园后，结合冬季病虫害防治喷施1次石硫合剂，以消灭存活在树体中的病源。

（2）化学防治。在每次嫩梢抽发期和果实成熟期，选用41%甲硫·戊唑醇悬浮剂800～1 000倍液、20%抑霉唑水乳剂400～800倍液、25%咪鲜胺乳油500～1 000倍液、400克/升氯氟醚·吡唑酯2 500～3 500倍液、40%唑醚·咪鲜胺水乳剂3 000～5 000倍液等环境友好型药剂对嫩梢、嫩叶、果实进行喷雾防治，每隔10天施1次，连续施2～3次。贮藏和运输期间的温度要保持在5～7℃，以便于有效减轻果实柑橘炭疽病的发生。

## 三、农药混配原则及注意事项

第一，农药混配顺序要准确，叶面肥与农药等混配的顺序通常为叶面肥、可湿性粉剂、悬浮剂、水剂、乳油依次加入。第二，先加水后加药，进行2次稀释。第三，配药后立即喷用。

农药配药注意事项如下。

（1）混用品种之间不产生不良化学反应（如水解、碱解、酸解等），保证正常药效或增效，选择不影响药效的物理性状。例如，多数有机磷杀虫剂不能与波尔多液、石硫合剂等混用，粉剂不能与可湿性粉剂、可溶性粉剂混用。

（2）不同农药品种混用后，不能对作物产生药害。如波尔多液与石硫合剂混用后，易对作物产生药害。

（3）农药混用后，不增加毒性。混用后保证对人、畜安全。

（4）混用要合理。

①品种间搭配合理，如防除大豆田禾本科杂草，单用烯禾啶、高效氟吡甲禾灵即可防除，再用两者混配，虽然从药剂稳定性上可行，但属于混配不合理，既不增效，也不扩大防治范围，没有必要。

②成本合理，农药混用是为了省工省时，提高经济效益。如制成混剂后，追加成本很大，是不建议混用的。

（5）注意农药品种间的拮抗作用，保证混用效果。

## 四、玫瑰香橙病虫害防治历

4月开花期以防治花蕾蛆、红蜘蛛、黄蜘蛛、锈壁虱等为主。花蕾蛆用90%敌百虫、10%氯氰菊酯进行地面施药；红蜘蛛、黄蜘蛛、锈壁虱等螨类可以喷施哒螨灵、噻螨酮、四螨嗪、炔螨特、三唑锡、双甲脒、单甲脒、乙螨唑防治。

　　5月至6月上旬生理落果期以防治柑橘大实蝇、炭疽病、介壳虫、红蜘蛛、黄蜘蛛为主。柑橘大实蝇用0.1%阿维菌素浓饵剂等正式登记的农药产品进行喷药诱杀，每隔7天喷1次，一般喷药5～6次；炭疽病常用药剂有波尔多液、石硫合剂、甲基硫菌灵、代森锰锌、苯醚甲环唑、醚菌酯等；介壳虫常用药剂有机油乳剂、毒死蜱、噻嗪酮等；红蜘蛛、黄蜘蛛喷施哒螨灵、噻螨酮、四螨嗪、炔螨特、三唑锡、双甲脒、单甲脒、乙螨唑防治。

　　6—8月果实膨大期以防治介壳虫、潜叶蛾、锈壁虱为主。介壳虫常用药剂有机油乳剂、毒死蜱、噻嗪酮等；潜叶蛾常用药剂有氯虫苯甲酰胺、除虫脲、吡虫啉、甲氰菊酯、阿维菌素，喷2～3次，新梢抽发0.5～1厘米时开始喷药，5～7天后喷第2次，7～10天后喷第3次；锈壁虱喷施哒螨灵、噻螨酮、四螨嗪、炔螨特、三唑锡、双甲脒、单甲脒、乙螨唑等防治。

　　9—11月果实成熟期以防治红蜘蛛、黄蜘蛛、炭疽病为主。红蜘蛛、黄蜘蛛喷施哒螨灵、噻螨酮、四螨嗪、炔螨特、三唑锡、双甲脒、单甲脒、乙螨唑防治；炭疽病常用药剂有波尔多液、石硫合剂、甲基硫菌灵、代森锰锌、苯醚甲环唑、醚菌酯等。

　　12月至翌年2月冬季清园。冬季清园时可喷施矿物油＋杀螨剂，树体有青苔的可用代森铵类喷雾代替，注意与其他药物分开使用。

# 五、高效低毒农药推荐

## （一）杀虫剂推荐

螺螨酯、乙螨唑、阿维·哒螨灵、联苯肼酯、阿维·乙螨唑、噻虫嗪、四螨·三唑锡、吡虫·三唑锡、阿维·炔螨特、啶虫脒、炔螨特、哒螨灵、螺虫·毒死蜱、高氯·啶虫脒、阿维·螺螨酯等。

## （二）杀菌剂推荐

抑霉唑硫酸盐、咪鲜胺、咪鲜胺锰盐、克菌丹、腈菌唑、苯醚甲环唑、丙森锌、氯氟醚·吡唑酯、氟酰羟·苯甲唑、氯氟醚菌唑、松脂酸铜、吡唑醚菌酯、波尔多液、锰锌·嘧菌酯、氢氧化铜、苦参提取物、王铜、碱式硫酸铜、肟菌·戊唑醇、硫酸铜钙、唑醚·喹啉铜、喹啉铜·噻霉酮、吡唑醚菌酯·硫酸铜钙、代森锰锌、枯草芽孢杆菌、氟啶胺、嘧菌酯等。

## （三）除草剂推荐

草甘膦胺盐、草铵膦、草甘膦异丙胺盐、精草铵膦钠盐等。

# 六、石硫合剂熬制办法

石灰硫黄合剂简称石硫合剂，是一种红褐色有硫黄臭味的透明液体。石硫合剂具强碱性，有腐蚀作用，可软化窒息害虫。它是防治螨类较好的药剂。它对蚧类也有一定效果，并可用作杀菌剂。有效成分是多硫化钙，易溶液于水，性质不稳定，在空气表面常被氧化而生成1层薄膜。

1.配方

第1种配方是优质新鲜生石灰1千克、细硫黄粉1.4千克、水15千克。第2种配方是优质新鲜生石灰1千克、细硫黄粉1千克、水10～12千克。

2.熬制

先将配方的总水量烧开（留少量水调硫黄粉），再将硫黄粉调成糊状倒入锅内，待煮沸后将石灰加入。加入硫黄和石灰后，要用木棒不停地搅拌，用猛火熬制44分钟（以加完石灰开始计算），待溶液由黄色→红黄→黑褐色→酱油色时，起锅过滤，倒入瓦缸或水泥池内，密封待用。熬制的原液为24波美度，冬季按原液：水＝1：15施用，春季抽梢前按1：24施用。

3.注意事项

（1）硫黄粉需碾细过筛，石灰应选未风化的鲜石灰。

（2）要用大锅、猛火一次性熬成。

（3）熬好后就使用，否则会氧化变质。用不完的原液在上面滴1层煤油隔绝空气防氧化。

4.兑水公式

每0.5千克原液兑水量＝原液波美度/使用波美度−1。例如，欲得28波美度原液稀释成0.2波美度药液，每0.5千克原液的兑水量＝28/0.2−1＝139。

# 七、松脂合剂熬制办法

松脂合剂是用松香和烧碱(苛性钠)或碱面(碳酸钠)或硫化碱熬制而成的黑褐色液体。主要杀虫成分是松脂皂和游离碱，具强碱性，对蚧类有强烈的腐蚀作用。

1.配方

第1种配方是松香1千克、烧碱0.75千克、水6千克；第2

种配方是松香1.5千克、碱面1千克、水5千克；第3种配方是松香1.25千克、硫化碱0.5千克、水4.5千克。

2. 配制

将水倒入锅中烧开，然后加碱，等碱完全溶化后，再把碾细的松香粉慢慢加入，边加边搅。这时火力要猛，并随时补足蒸发的水分。待松香全部溶化，药液由棕褐色变为黑褐色时取出，趁热用纱布过滤，即成松脂合剂原液。

3. 注意事项

（1）松香要选用棕褐色的老松香或黄色而脆的松香。水一定要用河水、田水，不可用井水。

（2）煮的锅容积要比药液体积大1/4左右，以免煮沸时溢出。

（3）开花前、幼果期和成熟期都不宜喷施松脂合剂。夏秋季气温高、干旱，用药前1天果园要灌水，稀释倍数也应加大。

（4）不能与有机磷杀虫剂、波尔多液、石硫合剂等农药混合使用。

（5）喷药后，要及时冲洗喷雾器。

# 八、波尔多液配制方法

波尔多液是防治果树病害的主要药剂。

1. 配方

硫酸铜0.5千克、石灰0.5千克、水50千克。

2. 配制

用少量开水分别将硫酸铜和石灰溶化，分别装于木桶兑水25千克，然后将硫酸铜和石灰乳同时倒入第3个桶内，用木棒充分搅拌即为波尔多液。用磨亮的小刀和剪刀插入波尔多液，若刀上有色则加石灰调为无色（表7-1）。

表7-1 波尔多液的配制方法

单位：千克

| 配合式 | 硫酸铜 | 石灰 | 水 |
|---|---|---|---|
| 等量式 | 0.5 | 0.5 | 50 |
| 硫酸铜半量式 | 0.25 | 0.5 | 50 |
| 石灰倍量式 | 0.5 | 1 | 50 |
| 石灰半量式 | 0.5 | 0.25 | 50 |
| 石灰多量式 | 0.5 | 0.75 | 50 |

## 图书在版编目（CIP）数据

玫瑰香橙优质高效栽培技术/汪小伟，乔兴华主编
. —北京：中国农业出版社，2023.11
ISBN 978-7-109-31162-6

Ⅰ.①玫…　Ⅱ.①汪…②乔…　Ⅲ.①橙－果树园艺　Ⅳ.①S666.4

中国国家版本馆CIP数据核字（2023）第179071号

中国农业出版社出版

地址：北京市朝阳区麦子店街18号楼
邮编：100125
责任编辑：阎莎莎　　文字编辑：常　静
版式设计：王　晨　　责任校对：吴丽婷　　责任印制：王　宏
印刷：北京缤索印刷有限公司
版次：2023年11月第1版
印次：2023年11月北京第1次印刷
发行：新华书店北京发行所
开本：880mm×1230mm　1/32
印张：3
字数：75千字
定价：35.00元